CONTRIBUTION À L'ÉTUDE DU PROBLÈME

DE LA

DÉFENSE DE L'ÉGYPTE

CONTRE LE CHOLÉRA

ET

RÉFLEXIONS

SUR LA

PROPHYLAXIE SANITAIRE DE LA PESTE

PAR

Le Dr Hermann LEGRAND

MÉDECIN SANITAIRE DE FRANCE EN ORIENT (ALEXANDRIE)
MEMBRE DE LA SOCIÉTÉ DE MÉDECINE PUBLIQUE ET DE GÉNIE SANITAIRE

PARIS

G. STEINHEIL, ÉDITEUR

2, RUE CASIMIR-DELAVIGNE, 2

1903

XIe CONGRÈS D'HYGIÈNE ET DE DÉMOGRAPHIE

Session de Bruxelles du 2 au 8 septembre 1903

SECTIONS D'HYGIÈNE ADMINISTRATIVE ET D'HYGIÈNE COLONIALE RÉUNIES

Sous la présidence de M. le Dr VLEMINCK

CONTRIBUTION A L'ÉTUDE DU PROBLÈME

DE LA

DÉFENSE DE L'ÉGYPTE CONTRE LE CHOLÉRA

COMMUNICATION (résumé d'un mémoire n° 2, inédit) :

— L'Isthme de Suez et les routes du désert.
— Les chemins de fer du Hedjaz, de Souakim-Berber et du
  Haut-Nil.

PAR

Le Dr Hermann LEGRAND

MÉDECIN SANITAIRE DE FRANCE EN ORIENT (ALEXANDRIE)

> « Lorsque l'Egypte est envahie par une
> épidémie, l'Europe n'est plus en sûreté ;
> c'est donc sur l'Egypte que doit se con-
> centrer l'effort de la défense sanitaire. »
> (Conférence de Constantinople, 1866).

L'année dernière, au Congrès du Caire, je me suis attaché à mettre en pleine lumière un fait évident, mais que tout le monde ne veut pas voir : c'est que la situation géographique de l'Egypte est la raison première qui nécessite en Egypte des règlements spéciaux.

J'ai montré que de nos jours, pour l'Egypte, *le péril est à l'Est.*

J'ai visé *la fraude*, cause de l'introduction en Egypte des quatre dernières épidémies de choléra.

J'ai fait remarquer qu'en dépit des théories et des dogmes, le malin Fléau s'est plu à surgir là où il était le moins attendu !

En 1865, l'arrivée du choléra à Suez, par bateau à vapeur, venant du Sud, « bouleversa les idées épidémiolo-giques régnantes ».

En 1883, on ne pouvait incriminer le pèlerinage ter-miné depuis longtemps ; son apparition à Damiette fut si imprévue qu'il se vit décerner les honneurs de la *Généra-tion spontanée.*

En 1895, on l'attendait si peu à Salhieh, que son *acte de naissance*, refusé de prime abord, ne fut rédigé qu'un bon mois plus tard à Damiette, où il avait même eu l'ironique attention de se présenter juste dans le même quartier qu'en 1883, au Souk el Ribbeh, Bazar au Trèfle.

En 1902, enfin, après quarantaine et désinfection mi-nutieuse et suffisante, inspecteurs sur inspecteurs font défiler tous les pèlerins un à un, nominalement, à Djebel Tor, à Suez et à domicile. Mais la côte de Kosséir est mal gardée, 968 *pèlerins rentrent clandestinement par mer.* C'est Moucha, dans la vallée du Nil-moyen, *juste en face de Kosseir*, qui reçoit l'étincelle ; et comme il y a cin-quante ans, en quinze jours, à dater du 12 juillet, l'épidé-mie se répand dans toute l'Egypte comme le feu dans la paille. Le choléra de 1902 fut plus grave et plus meur-trier que celui de 1895.

J'ai alors souligné un fait capital, déjà énoncé plus haut et gros de conclusions, c'est que malgré ses fan-taisies apparentes, le choléra n'a pu se soustraire à quel-que chose qui doit être *une loi épidémiologique*, oubliée ou méconnue. Pointez une carte d'Egypte ; vous verrez que la carte d'entrée, le foyer primitif des 4 épidémies *est toujours à la frontière de l'Est ou près de cette fron-tière, à proximité d'une voie de pénétration principale et connue, toujours directe.*

La *Côte égyptienne de la mer Rouge*, surtout entre la

baie d'Adabieh, près de Suez et Ras Bénas, l'ancienne Bérénice, est une première *Zone dangereuse*, favorable aux débarquements clandestins. Il en est une seconde aux environs de Souakim. Je les ai sommairement décrites. Tel fut l'objet de mon premier mémoire.

Il est une troisième zone dangereuse, terrestre cette fois, située également à l'Est. Deux épidémies, nous l'avons vu, 1883 et 1895, ont pénétré par là. C'est *l'Isthme de Suez*, sur lequel je veux aujourd'hui attirer l'attention.

Son importance sanitaire toujours croissante depuis l'ouverture du canal en 1869, va grandir encore avec la construction de la grande ligne ferrée, OEuvre du Monde Musulman, qui mettra dans quelques années le Hedjaz à quarante-huit heures de la Palestine et de l'Egypte.

Le canal de Suez, énorme fossé plein d'eau, doit être considéré comme la frontière sanitaire de l'Egypte.

Sa rive occidentale franchie, et malheureusement elle est facilement franchissable, l'Egypte est compromise.

En effet, le canal n'est séparé du Delta que par des espaces déserts ou à peu près, mais que l'on peut traverser en 6 à 8 heures de marche, sauf du côté de Suez. La navigation sur le lac Menzaleh, les chemins de fer de Port-Saïd, de Suez et d'Ismaïlia facilitent les communications. Le canal d'alimentation d'eau douce, parallèle au canal maritime et situé tout près de lui sur la rive égyptienne peut devenir un premier foyer d'infection.

Je laisserai de côté tout ce qui concerne le *Transit maritime du canal*, régi par des Règlements internationaux qu'il importe de ne pas laisser tomber en désuétude bien qu'on ait pu naguère les plaisanter avec plus de suffisance que de compétence véritable.

— 4 —

Des faits nouveaux sont venus récemment encore démontrer pleinement leur raison d'être (1).

Et cependant, la doctrine du *laisser passer tout*, net ou infecté, sans précaution à bord ni sur les rives, subsiste toujours, même en matière de pèlerinage. C'est la doctrine du *Canal-bras de mer*.

D'après elle, même les navires à pèlerins surpeuplés, infectés, morts et mourants à bord, viendraient directement de Djeddah et de Yambo à Suez, passeraient le canal, et s'en iraient à travers la Méditerranée, chacun dans son pays, subir le traitement qu'il plairait aux autorités respectives de leur appliquer (2).

C'est avec stupeur, je l'avoue, que j'ai entendu récemment l'exposé du système de la bouche d'un très haut fonctionnaire sanitaire, et c'est à titre de document que je le rapporte ici.

Dans le présent travail, nous aurons donc seulement comme : objectif la *Traversée du canal d'une rive à l'autre*.

Nous connaissons le pays qui se trouve à l'Ouest, rive-Afrique, c'est une bande de désert puis le delta égyptien.

A l'Est, rive-Asie, s'étend une vaste région, déserte aussi, limitée au Nord par la Méditerranée et la Palestine. Au Sud, prolongée par la presqu'île du Sinaï, elle s'avance dans la mer Rouge entre les golfes de Suez et d'Akaba.

Tout à fait à l'Est, sa limite sera pour nous le *Darb el Hag*, route du pèlerinage de Damas à La Mecque, suivie

(1) Voir *Bulletin quarantenaire*. Alexandrie, 1903, n°ˢ 155, 165, etc.
(2) Djebel Tor serait réservé exclusivement aux pèlerins rentrant en Egypte.

par la caravane de Syrie. Cette ligne dirigée sensiblement du Nord au Sud, sépare la Palestine, l'Isthme et le
Ouadi-Araba des grands déserts du Hamad, du Chamar
et de l'Arabie.

Deux routes principales, situées au Nord et au Sud des
déserts de Tih et de Pétra, traversent l'Isthme de l'Est à
l'Ouest, en 6 à 8 jours en moyenne de voyage à chameau
(250 à 300 kilomètres).

De Perse, de Mésopotamie, de Syrie et de Palestine,
on arrive en Egypte par Gaza, el Ariche, Kantara (bac
sur le canal) et Salhieh.

De l'Yémen, du Hedjaz et du Nedj, en passant par
Maan (carrefour important des caravanes), Akaba,
Nakhel, on atteint le Koubri de Suez (bac sur le canal),
Agroud, Birket el Hag et le Caire ; c'était la route de la
caravane d'Egypte avant qu'elle ait pris la voie de mer
en 1886.

Douze à quinze mille bédouins Tarabins, soumis poli-
tiquement (autant que peuvent l'être des bédouins), les
uns à l'Egypte, les autres à la Turquie, peuplent l'Isthme
et la presqu'île du Sinaï. Chameliers, éleveurs de mou-
tons, chercheurs de turquoises, souvent contrebandiers,
parfois maraudeurs et même naufrageurs, toujours en
mouvement, ils connaissent les pistes et les sentiers dé-
tournés, les *voies mystérieuses du désert.*

Notion importante, leurs tribus accomplissent des
migrations périodiques.

J'avais déjà noté ces migrations dans mon rapport sur
l'origine du choléra de Salhieh-Damiette (septembre-
octobre 1895).

MM. Soucail, Intouti, Hechmet, vétérinaires du ser-
vice quarantenaire viennent encore de les signaler dans

une remarquable note sur la provenance du bétail importé en Egypte (juin 1903).

Les bédouins quittent dès avril le territoire égyptien, stérile pendant les chaleurs, pour aller faire paître leurs troupeaux dans l'Est, jusqu'en Palestine où ils se mêlent moyennant une minime redevance, aux Tarabins ottomans, et jusqu'au Ouadi-Araba.

Vienne septembre et la saison des dattes, ils retournent dans le territoire égyptien près du canal pour faire cette récolte unique pour eux, et l'échanger contre du fissikh (1) entre Damiette et Salhieh (2).

En 1883, le choléra provenant d'un navire en transit (chauffeur, marchand indien ?) franchit la rive occidentale du canal et vint éclater à Damiette.

En 1895, la presqu'île du Sinaï avait été infectée de choléra ; nous le savons par des voyageurs anglais dont le Dr Dickson, délégué de Grande-Bretagne de rapporté le récit au Conseil supérieur de santé à Constantinople ; nous le savons aussi par l'Administration militaire ottomane qui a noté des cas de choléra dans la garnison d'Akaba.

Les bédouins du Sinaï avaient été infectés au contact des pèlerins à Djebel Tor. A cette époque, le campement n'était pas encore isolé par un grillage, les conduites d'eau, le chemin de fer, l'éclairage, n'existaient pas non plus ; les bédouins eux-mêmes étaient chargés du transport de l'eau et des bagages ; des communications multiples et frauduleuses s'établissaient entre les sections de pèlerins infectés, les gardiens, les soldats et les bédouins.

(1) Poisson sec du lac Menzaleh.

(2) Voir le rapport sur l'origine du choléra de 1895, présenté au Conseil sanitaire maritime et quarantenaire d'Egypte.

Dans ces conditions, la transmission du mal était facile.

Le choléra gagna donc le Sinaï puis Akaba ; nous le retrouvons au mois de septembre à Salhieh, *sous la forme d'indigestions de fissikh et de dattes vertes ;* au mois d'octobre, il éclate à Damiette.

Son entrée par Kantara est pour moi d'autant plus avérée, que je sais de bonne source, bien que non officielle, que la femme d'un vétérinaire indigène est morte du choléra dans le village même de Kantara, lequel, il est bon de le noter, se trouve sur la rive-Asie du canal, plus exposé, moins surveillé peut-être que les autres villes de l'Isthme, situées toutes sur la rive-Afrique.

En 1902, les rôles sont renversés : le choléra est sorti d'Egypte par Kantara pour aller infecter El Ariche (17 septembre), puis Gaza (14 octobre) et la Palestine. Nulle statistique ne dira jamais les terribles ravages qu'il a exercés parmi les Tarabins de la région que nous avons étudiée. Après avoir touché Jaffa et Jérusalem, il a gagné Damas et l'intérieur de la Syrie, où à l'heure actuelle il est encore menaçant.

Comme les mathématiciens, nous pouvons donc dire avec certitude : *la réciproque est vraie.* Comme eux nous avons un corollaire : *La surveillance des rives du canal s'impose* ; et par déduction nous pouvons annoncer : *Dans quelques années, il faudra redoubler cette surveillance.*

En effet, le *chemin de fer du Hedjaz* est entré dans la période d'exécution. De Damas à la Mecque, Médine, Yambo, Djeddah, la ligne longue de 1.800 kilomètres suivra sensiblement *le Darb el Hag ;* elle existe déjà à 50 kilomètres environ à l'Est de la mer Morte ; elle passera bientôt à proximité du Ouadi-Araba, de Maan et d'Akaba. Une ligne secondaire déjà commencée, (50 kilom. sont exécutés), s'amorce à Caïpha sur la Méditerranée et va traverser le pays des Tarabins que nous avons décrit, en attendant qu'un autre tronçon desserve directement Port-Saïd et Salhieh.

En quarante-huit heures de train omnibus les Hadjis pourront franchir le grand désert d'Arabie, jadis véritable *état-tampon sanitaire*.

Si La Mecque est infectée, ils contamineront au passage les tribus bédouines que nul ne peut surveiller, et si le choléra ne vient pas *par train direct*, il nous arrivera *par les migrations périodiques* des nomades ou par les *voies mystérieuses du désert*.

Plus heureux que l'Inde, le sol de l'Egypte sera-t-il alors stérilisé pour les contages, comme d'aucuns le prétendent, par la « Sanitation » ? Il est permis d'en douter.

L'éducation hygiénique et sociale des égyptiens, fellahs et bédouins, sera-t-elle adéquate au progrès intensif des moyens de communication ? On peut répondre : certainement non.

Il faudra donc encore des Conventions et des Règlements, un changement de front et de nouveaux forts d'arrêt, c'est-à-dire de nouvelles stations *quarantenaires ;* n'ayons pas peur du mot !

Le courant actuel du pèlerinage sera dévié et le camp retranché de Djebel Tor tourné.

Avec la *ligne de Souakim-Berber* raccordée à celle *du Haut-Nil*, la *ligne de Bagdad* et la *ligne du Hedjaz*, va commencer la *période des chemins de fer*, éventualité redoutable pour la santé publique, mais appelée fatalement à succéder dans un avenir prochain à la *période des bateaux à vapeur* déjà si sombre, dans l'histoire de ce Pèlerinage Sacré qui demeura tant de siècles indemne et inoffensif *au bon vieux temps des caravanes*.

ECTIONS D'HYGIÈNE ADMINISTRATIVE ET D'HYGIÈNE COLONIALE RÉUNIES

Sous la présidence de M. le Dr VLEMINCK

RÉFLEXIONS

SUR LA

PROPHYLAXIE SANITAIRE DE LA PESTE

ET LES MODIFICATIONS A APPORTER AUX RÈGLEMENTS QUARANTENAIRES

PAR

Le Dr Hermann LEGRAND

MÉDECIN SANITAIRE DE FRANCE EN ORIENT (ALEXANDRIE)

Après les Rapports et les Communications que vous venez d'entendre de la bouche de MM. Brouardel (de Paris), Calmette (de Lille), Nocht (de Hambourg), Ringeling (d'Amsterdam), Freyberg (de Pétersbourg), Franck (de Budapest), etc., j'étais sur le point de renoncer à la parole, la question ayant été scientifiquement épuisée.

Cependant je demande la permission d'insister sur quelques aperçus pratiques, vécus pour ainsi dire, encouragé par le peu enviable avantage que je possède, d'habiter une ville infectée de peste depuis cinq ans, Alexandrie d'Egypte. J'ai été rapporteur de la Commission d'enquête (1) sur l'origine de notre longue et coûteuse

(1) Rapport présenté au Conseil sanitaire maritime et quarantenaire d'Egypte, 1899.

endémie, et chaque jour se présentent à nous les problèmes souvent difficiles du diagnostic, de la prophylaxie publique ou privée, de l'application des règlements internationaux.

Moi aussi, je considère le rat comme le but qu'il faut viser ; la notion de l'importance du rat est la clef de la prophylaxie. Et il ne me déplaît pas de rappeler ici qu'avec Rist et Torella, en 1899, nous avons été les premiers en Egypte à affirmer et à dénoncer toute l'importance du rat dans la peste. Notre rapport montrait l'épidémie suivant fidèlement l'épizootie à 8 ou 10 jours d'intervalle, de *l'ouest à l'est*, dans tous les quartiers de la ville.

Il est probable que les rats d'Alexandrie avaient été contaminés, non loin de la gare du Gabbari et de l'embouchure du canal Mahmoudieh, par les rats pesteux de navires provenant de Bombay avec chargement de graines de sésame. Aucun homme n'avait été malade à bord des navires arrivés dans le port. La filiation de la maladie chez les épiciers, les gens d'écurie, les meuniers, les voisins des dépôts de grains et de farine fut mise en pleine lumière dès le début.

Depuis cette époque la peste ne nous a jamais quittés, sauf pour quelques semaines, et malgré toutes les mesures que l'on a pu prendre, même contre les rats.

Pour ma part, je pense qu'il faut attribuer cette ténacité de la peste alexandrine aux centaines de citernes antiques connues et à découvrir, aux égouts défectueux, aux souterrains, canaux abandonnés et hypogées sur lesquels la ville est bâtie.

Au printemps et à l'automne les portées de jeunes rats non immunisés sortent de ces repaires, prennent le contage à leur tour ; la peste reparaît alors chez l'homme en épidémies dites saisonnières et dans les quartiers les plus différents de la ville.

Nous avons pu acquérir la persuasion, par la fréquentation d'assez nombreux malades, que la peste bubonique n'est pas contagieuse d'homme à homme. Les malades sont contaminés individuellement, chacun pour son compte, dans le foyer pesteux.

L'apparition de plusieurs cas simultanés ou successifs dans un délai de quelques jours ne veut pas dire que lés premiers malades ont transmis le mal aux suivants. Non : ils ont été infectés simultanément ou à peu d'intervalle par les germes ou par les parasites intermédiaires répandus dans le milieu qu'ils fréquentent. Si tous ne tombent pas malades exactement en même temps, c'est que la contamination a été successive, ou que la résistance individuelle a prolongé chez quelques-uns la période d'incubation.

Exemple : un individu prend la peste bubonique à son magasin, et va se faire soigner dans son domicile situé dans une autre partie de la ville ; sa famille et l'entourage ne prendront pas la peste, mais on pourra voir survenir d'autres cas parmi les employés qui travaillaient dans le même magasin. C'est ce local qui est le foyer d'infection ; cherchez bien, vous y trouverez le rat.

Je me garderai bien de donner les mêmes assurances encourageantes au sujet de la *forme pneumonique* de la peste ; celle-ci est terriblement contagieuse.

Contre la peste pneumonique, *il faudra réserver toutes les rigueurs des Règlements actuels.*

Cliniquement, pratiquement, pour la rédaction des *Règlements futurs*, je propose, d'appliquer à la peste la terminologie adoptée pour la tuberculose : **peste fermée, peste ouverte**.

Pour la *peste fermée* (forme bubonique, forme septicémique sans complications), on adoucira les Règlements, on abolira les quarantaines ; les malades ne seront plus internés dans un lazaret, mais placés dans le pavillon d'isolement d'*un hôpital de droit commun*, comme s'ils n'étaient atteints que d'une maladie infectieuse ordinaire.

Pour la *peste ouverte* (forme pneumonique, bronchitique, charbons suppurants) (1), il faudra rester implacable. Mais ces cas sont heureusement rares, et l'on peut affirmer que de ce chef, *en nous plaçant bien entendu dans les conditions de la civilisation et de l'hygiène scientifique et sociale moderne*, il ne résultera pas d'entraves appréciables au commerce et à la circulation.

Il résulte encore des considérations épidémiologiques sur lesquelles je me suis étendu à dessein, qu'il sera nécessaire d'adopter une nouvelle classification des navires, au point de vue de leur condition sanitaire.

Un navire peut être *extrêmement dangereux* même quand il n'a pas actuellement ou n'a pas eu d'homme malade à son bord ; il est incontestable et logique qu'un navire doit être considéré comme *infecté* quand il a des rats pesteux à fond de cale.

Par contre, un cas de peste bubonique chez l'homme, à bord d'un navire, peut n'avoir aucune importance,

_____

(1) Logiquement, les bubons suppurés ouverts spontanément ou chirurgicalement, doivent entrer dans la catégorie *peste ouverte ;* mais le courage de Desgenettes et, depuis, la bactériologie nous ont montré qu'ils ne renferment plus de germes pesteux vivants, surtout si la suppuration remonte à plusieurs jours.

quand la maladie éclate chez un nouvel embarqué, dans le délai de la période d'incubation comptée à partir de l'embarquement.

Le malade sera purement et simplement isolé, puis autant que possible débarqué, et le navire pourra même conserver libre pratique, avec annotation à la patente, tant que la maladie n'aura pas atteint les rats de la cale.

On peut déduire de ces exemples l'intérêt qu'il y aura pour les Armateurs et les Compagnies de navigation à détruire *systématiquement* et *au préalable*, les rats à bord de leurs navires, quel que soit du reste le procédé, sulfuration ou carbonisation, du moment que ledit procédé aura été reconnu efficace.

Un certificat récent de destruction des rats délivré par l'autorité compétente sera le titre le plus important d'une patente de santé.

Passons à la question du *sérum antipesteux* administré dans un but prophylactique.

Je me permets d'émettre l'opinion qu'il sera extrêmement difficile de faire accepter par le public les inoculations en masse telles que les propose M. le professeur Calmette. D'abord supposons un cas de peste bubonique ; la mesure est inutile puisque la peste fermée n'est pas contagieuse d'homme à homme. Mais — dira-t-on — si le navire est porteur de rats malades ?

Dans ce cas, l'expérience montre qu'il y aura peut-être encore, mais peut-être pas, 1 ou 2 cas de peste bubonique.

Faut-il pour une si minime éventualité inoculer les 600, 800, 1.200 passagers d'un grand paquebot ?

Faudrait-il dans une grande ville, Alexandrie par exemple, inoculer toute la population, 300.000 personnes ?

On ne l'a pas fait, et l'épidémie ne s'est jamais gravement développée depuis cinq ans.

Le public accepterait d'autant plus difficilement les inoculations, que 1° l'on ne voit pas, je l'ai déjà dit, les cas se multiplier dans l'entourage d'un malade atteint de peste bubonique ; que 2° après les inoculations, il existe parfois une réaction fébrile plus ou moins violente, de nature pesteuse sans doute, très propre à jeter l'effroi ; que 3° on ne connaît pas la durée de l'immunité conférée. Cette période, d'après ce que je sais, serait courte.

Depuis cinq ans que nous avons la peste à Alexandrie, combien de fois aurait-il fallu recommencer les inoculations ? De nouveaux cas de peste auraient certainement reparu dès que l'immunisation vaccinale aurait été épuisée, puisque les rats conservent toujours les germes virulents dans notre sous-sol. Et l'on voit déjà le discrédit tomber sur la méthode préventive, si difficilement acceptable par le public.

Du reste, si j'ai bonne mémoire, les médecins de la croisière scientifique du « Sénégal » ne voulurent pas l'accepter pour eux-mêmes.

Jugez *a fortiori*.

Il ne me paraît pas non plus possible de maintenir dans le port d'arrivée, *en ville*, vaccinés ou non, les passagers débarqués d'un navire, pendant huit ou dix jours, même sous surveillance médicale.

La population et les autorités elles-mêmes n'ont qu'un désir, c'est de voir partir au plus tôt ces hôtes compromettants. On le leur fera comprendre par toutes sortes d'arguments ; et je sais une ville de la Méditerranée où le peuple, il y a 5 ou 6 ans, prit des fusils et descendit aux quais pour recevoir les passagers d'un bateau venant d'Egypte ; la libre pratique était cependant accordée suivant les lois existantes, et le navire parfaitement indemne.

Mieux vaut en rester à la visite médicale et au passeport sanitaire actuel, système suffisant si l'on veut se donner la peine de l'appliquer à la lettre.

Pour rester dans la note pratique à propos du sérum antipesteux préventif, je propose donc de réserver les inoculations à l'entourage immédiat, ou plus ou moins largement compris suivant les circonstances, *des cas de peste ouverte*. Elles peuvent rendre là les services les plus éminents. C'est avec cette restriction et dans ce but, qu'il y a lieu d'exiger dans les Règlements futurs l'embarquement d'une provision de sérum préventif.

Mais ici encore se greffe une question pratique.

Qui fera les injections de sérum ?

Au port d'arrivée, c'est facile.

Mais à bord, en cours de route ?

L'inoculation d'un sérum, bien faite, selon les règles de l'anatomie et de l'asepsie, est une opération petite, mais délicate, exacte.

A bord des navires sans médecin vous ne pouvez en confier l'exécution ni aux officiers ni à l'infirmier. Il y a beaucoup de navires sans médecin, les cargo, les voiliers.

On ne pourra donc établir un Règlement général, uniforme.

A bord des paquebots, la chose paraît plus réalisable.

Permettez-moi de dire le fond de ma pensée, bien franchement.

Sans doute, dans nombre de cas, à bord de beaucoup de navires les choses seront bien faites ; mais (je ne voudrais faire de peine à personne), j'ai vu beaucoup de

médecins de bord et de toute nationalité (et je me demande même si tous ceux qu'on m'a présentés comme
tels étaient bien des médecins), desquels, moi, je n'aurais
pas accepté la plus petite injection, préférant le risque
relativement minime de la peste, à la quasi-certitude d'at-
traper un bon phlegmon diffus !

Je ne puis mieux faire en terminant et pour me faire
pardonner ma franchise, que d'émettre ce vœu : *La
situation morale et matérielle et, conséquence directe, le
niveau professionnel des médecins sanitaires maritimes
doivent être très sérieusement relevés.*

Imp. J. Thevenot, Saint-Dizier H(aute-Marne).